Tamara F

LA LOGIQUE C'EST FANTASTIQUE

Mon premier cahier d'activités

Rose de la Fontaine

Couverture
Marta Dlugolecka

Illustrateurs
Jack Beetle, Marta Dlugolecka,
Malgorzata Kwapinska, Artur Lobus

Mise en page
Barbara Dusk

Édition
Virginie Little

Correction des épreuves
Benoit Baloge

ISBN 978-1-62321-344-2

www.tomemusic.com

Table des matières

Un hérisson travailleur

Écris dans les ronds sous l'image combien de pommes et de champignons le hérisson porte sur son dos.

EXERCICE

2 Une succulente pomme

Quelle figure géométrique la forme de la pomme te rappelle-t-elle ?
Colorie la figure de la couleur de ta pomme préférée.

NIVEAU DE DIFFICULTÉ : *

Dans le labyrinthe

3

EXERCICE

Montre au papillon le chemin à emprunter pour arriver jusqu'à la fleur.

NIVEAU DE DIFFICULTÉ : *

EXERCICE

4 Combien reste-t-il de feuilles ?

Compte les fleurs et les feuilles sur le dessin.
Colorie le même nombre de feuilles qu'il y a de fleurs.
Combien de feuilles restent blanches ?

NIVEAU DE DIFFICULTÉ : *

Relie les points

5

EXERCICE

Relie les points de 1 à 7. Qu'as-tu dessiné ?
Colorie l'image selon ton envie.

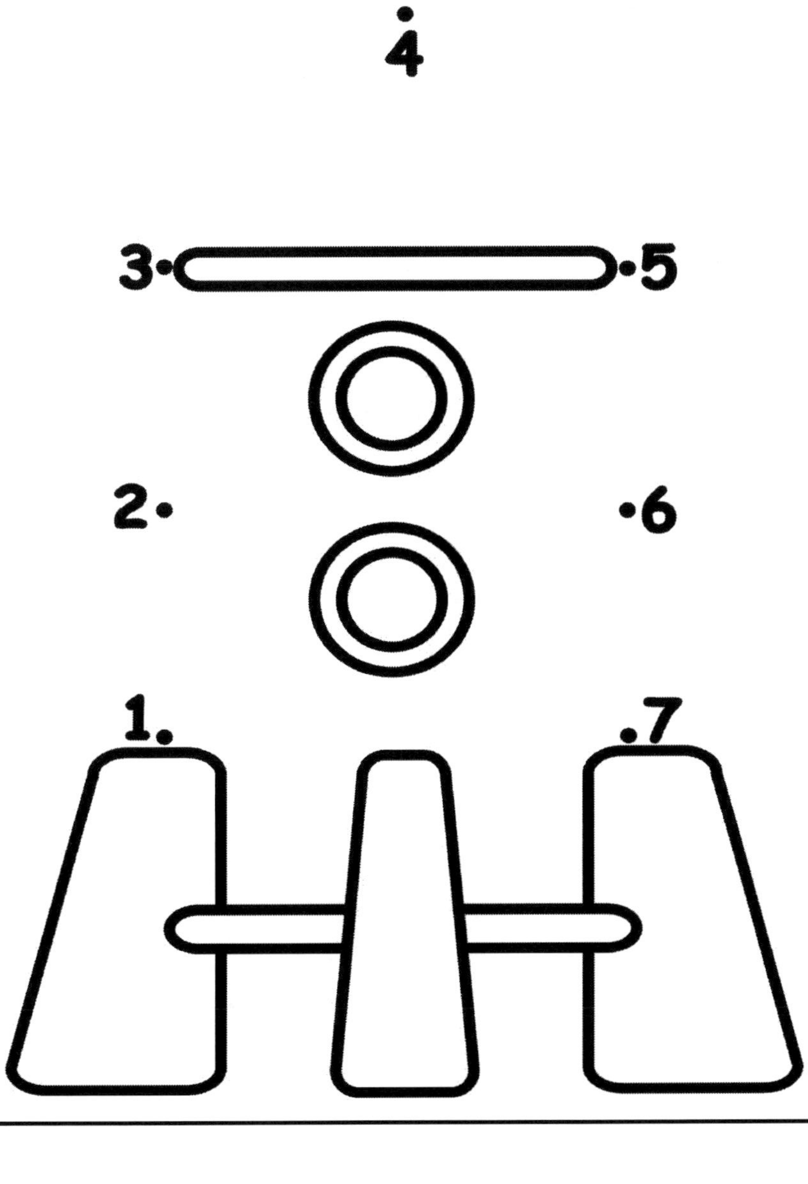

NIVEAU DE DIFFICULTÉ : *

EXERCICE

6 Trouve l'intrus

Dessine les traces de ces objets qui peuvent tomber.
Lequel d'entre eux ne pousse pas dans les arbres ?

NIVEAU DE DIFFICULTÉ : *

EXERCICE 7

Relie les points

Relie les points de 1 à 8, puis colorie le dessin.
Offre ton coloriage à un copain qui aime jouer au ballon.

NIVEAU DE DIFFICULTÉ : *

EXERCICE

8 Dans la ruche

Quel animal vit dans une ruche ?
Colorie en jaune l'image qui lui correspond.

NIVEAU DE DIFFICULTÉ : *

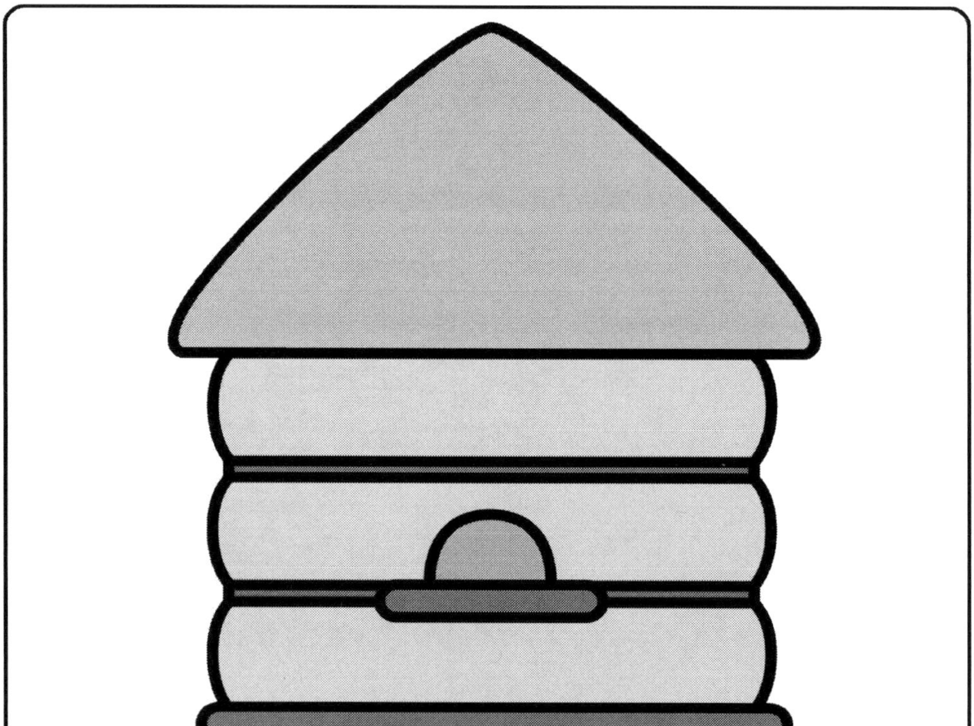

Relie les points

9 EXERCICE

Relie les points de 1 à 8, puis colorie le dessin.
As-tu déjà été à la pêche ?

NIVEAU DE DIFFICULTÉ : *

EXERCICE

10 Les délices de l'écureuil

Que mange l'écureuil ? Entoure en marron la ou les image(s) correspondant à la ou aux bonne(s) réponse(s).

NIVEAU DE DIFFICULTÉ : *

Relie les points

Relie les points de 1 à 9, puis colorie le dessin.
Offre ce beau bouquet à quelqu'un que tu aimes.

NIVEAU DE DIFFICULTÉ : *

EXERCICE

12 Trouve l'intrus

Dessine les traces qu'ont laissées ces petits animaux.
Lequel d'entre eux ne vole pas ?

NIVEAU DE DIFFICULTÉ : *

Relie les points

13 EXERCICE

Relie les points de 1 à 9, puis colorie l'image.
Que sais-tu de la cigogne ?

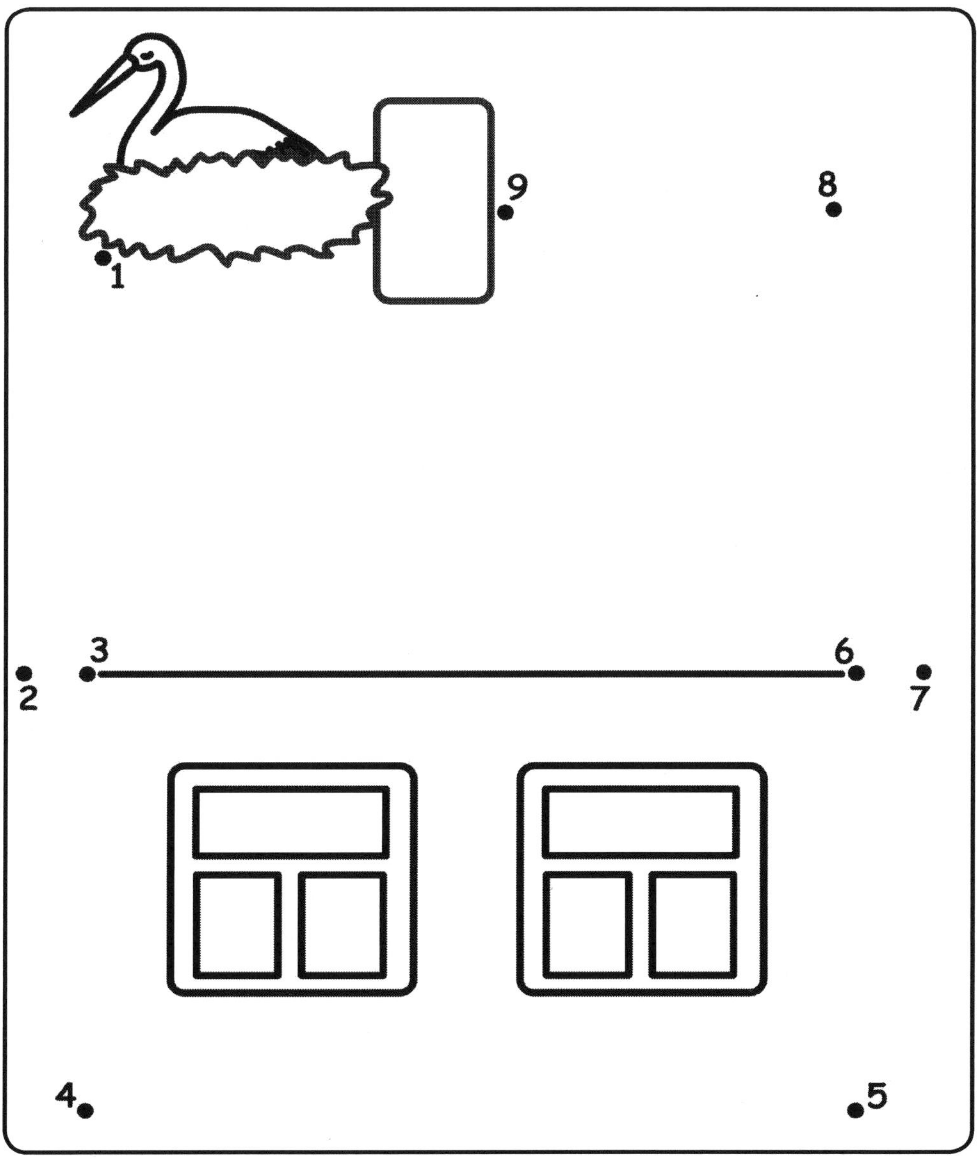

NIVEAU DE DIFFICULTÉ : *

EXERCICE

14 Maman cane et ses petits

Colorie l'image. Combien de canetons vois-tu sur le dessin ?
Colorie en vert foncé la vignette contenant le nombre correspondant.

NIVEAU DE DIFFICULTÉ : *

4	5	6

Relie les points

Relie les points de 1 à 9, puis colorie l'image.
Offre ton dessin à une personne gourmande.

EXERCICE

16 Quelle heure est-il ?

Quelle heure indique l'horloge ?
Entoure en rouge le chiffre correspondant dans les vignettes sous l'horloge.

9 3 6

NIVEAU DE DIFFICULTÉ : * * *

EXERCICE 17

Relie les points

Relie les points de 1 à 10, puis colorie ce magnifique poisson exotique.

NIVEAU DE DIFFICULTÉ : *

EXERCICE

18 Dans le nid

Parmi les vignettes présentées sous le dessin, entoure celle qui représente la forme des œufs dans le nid. Combien cette maman pigeonne a-t-elle d'œufs ?

NIVEAU DE DIFFICULTÉ : *

Relie les points

19

EXERCICE

Relie les points de 1 à 10, puis colorie ce petit dragon. N'oublie pas les flammes !

NIVEAU DE DIFFICULTÉ : *

EXERCICE

20 Jeu de quilles

Combien de quilles sont représentées sur le dessin ? Entoure en bleu clair le chiffre correspondant dans les vignettes sous l'image.

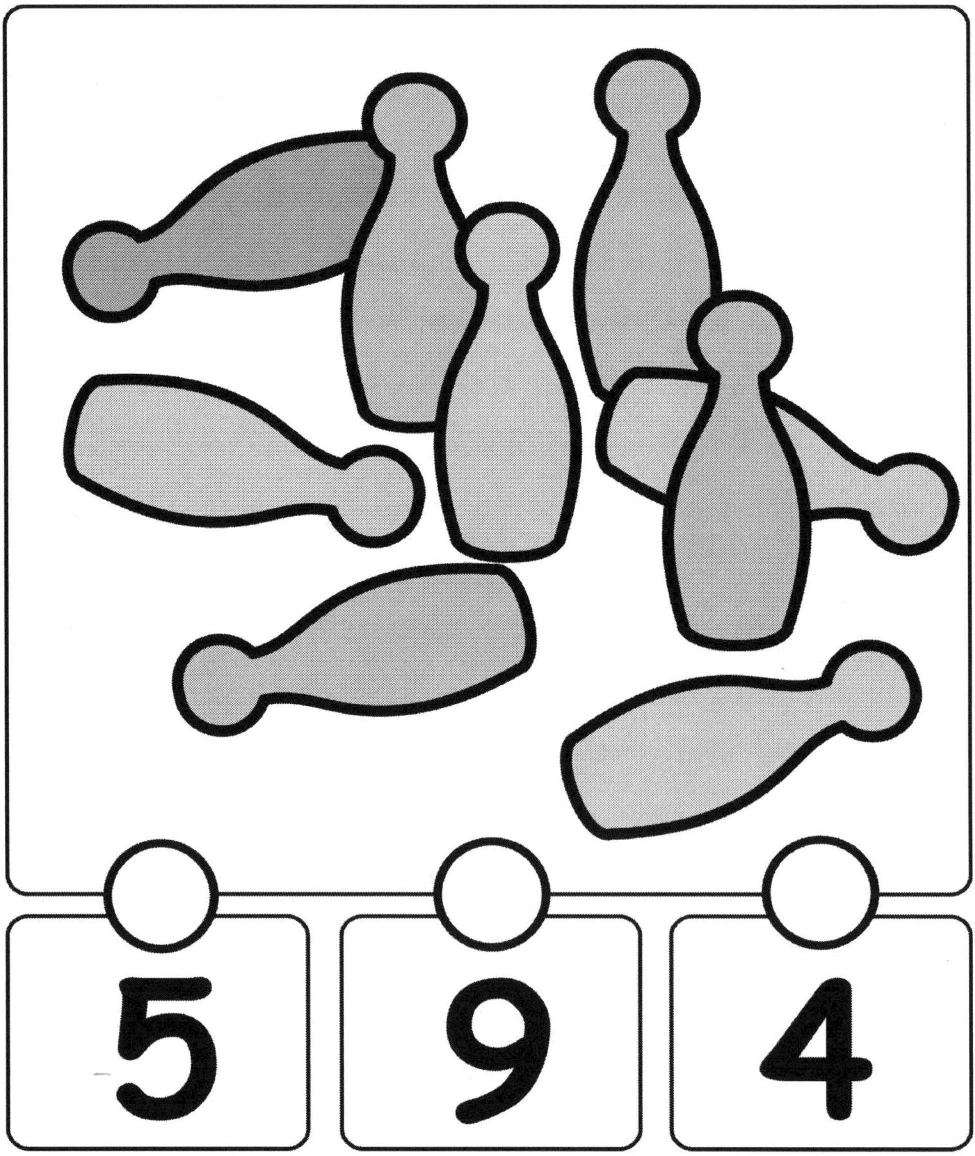

5	9	4

NIVEAU DE DIFFICULTÉ : *

Relie les points

21

EXERCICE

Relie les points de 1 à 10, puis colorie ce dessin champêtre.

NIVEAU DE DIFFICULTÉ : *

EXERCICE

22 Bonhomme de châtaigne

Combien de glands et de châtaignes vois-tu sur le dessin ?
Écris le nombre des objets identifiés – ou pas – dans le cercle au-dessus des vignettes.

NIVEAU DE DIFFICULTÉ : *

Relie les points

23

EXERCICE

Relie les points de 1 à 10, puis colorie cette image très estivale.
Offre ton dessin à quelqu'un qui aime la mer.

NIVEAU DE DIFFICULTÉ : *

EXERCICE

24 Mada la pieuvre

Combien de membres a la pieuvre Mada ?
Colorie en vert clair la vignette qui contient le bon nombre.

7	8	9

NIVEAU DE DIFFICULTÉ : *

EXERCICE

25

Relie les points

Relie les points de 1 à 9, puis colorie ce majestueux roi de la jungle à la crinière soyeuse.

NIVEAU DE DIFFICULTÉ : *

EXERCICE

26 Le jongleur

Avec combien de balles jongle ce garçon ?
Colorie, de ta couleur préférée, le rond contenant la bonne réponse.

NIVEAU DE DIFFICULTÉ : *

Relie les points

27

EXERCICE

Relie les points de 1 à 10, puis colorie cette jeune fille et ses amis aquatiques.

NIVEAU DE DIFFICULTÉ : *

EXERCICE

28 Les crayons de couleur

Colorie chaque crayon d'une couleur différente.
Combien de crayons vois-tu sur l'image ?
Entoure la bonne réponse parmi les vignettes présentées sous le dessin.

NIVEAU DE DIFFICULTÉ : *

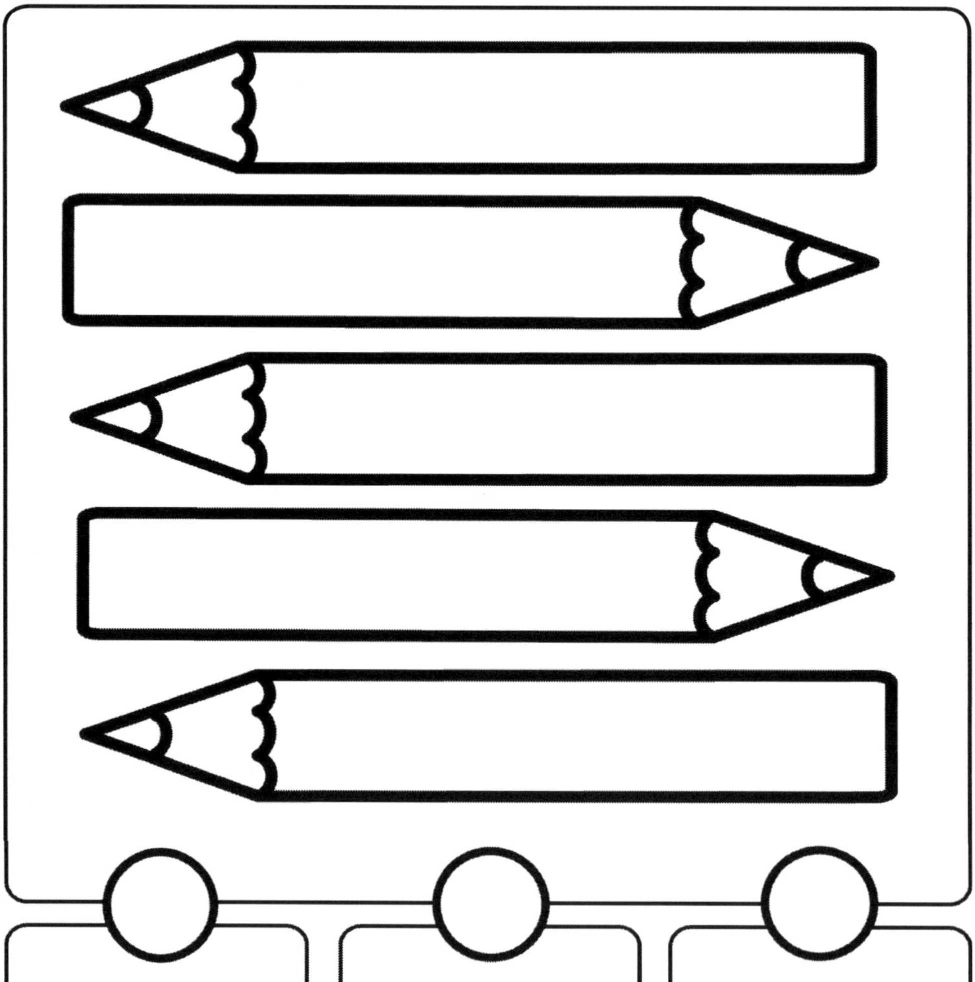

5 6 7

EXERCICE 29

Relie les points

Relie les points de 1 à 10, puis colorie l'image.
Offre ton dessin à quelqu'un qui aime les camions.

NIVEAU DE DIFFICULTÉ : *

EXERCICE

30 L'anniversaire

Combien de bougies décorent cet appétissant gâteau d'anniversaire ? Entoure la bonne réponse parmi les nombres proposés sous l'image.
Colorie, sans dépasser, les bougies de couleurs différentes.
Découpe l'image pour faire une carte d'anniversaire personnalisée que tu offriras à un ou à une ami(e).

NIVEAU DE DIFFICULTÉ : *

5	6	7

Relie les points

31

EXERCICE

Relie les points de 1 à 10. Qu'as-tu dessiné ? Colorie l'image en soignant particulièrement le plus gros mammifère sur Terre.

NIVEAU DE DIFFICULTÉ : *

EXERCICE

32 Coloriage codé

Colorie les espaces indiqués par un + en rouge ; ceux indiqués par un -, en marron ; ceux indiqués par un Δ, en jaune.
Colorie le reste de l'illustration selon ton inspiration.

NIVEAU DE DIFFICULTÉ : *

Relie les points

33

EXERCICE

Relie les points de 1 à 20, puis colorie le dessin.

NIVEAU DE DIFFICULTÉ : * *

EXERCICE

34 Les trésors de l'automne

À côté de chaque modèle, reproduis chaque trésor de l'automne dans la quantité indiquée par le chiffre à gauche de chaque vignette.
Colorie les dessins avec les couleurs appropriées.

NIVEAU DE DIFFICULTÉ : * *

2

1

3

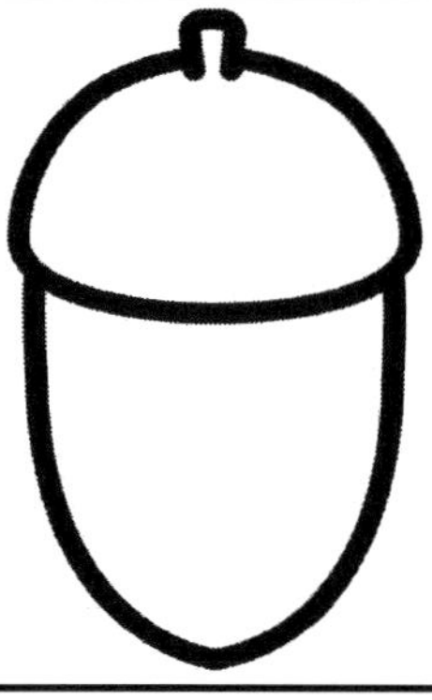

Les animaux et leur petit

35 EXERCICE

Colorie les images de façon à ce que chaque animal et son petit soient de la même couleur. Combien y a-t-il au total d'animaux sur la page ?

NIVEAU DE DIFFICULTÉ : *

EXERCICE

36 Les ailes du papillon

Combien de pois ce papillon a-t-il sur ses ailes ?
Attention : n'oublie pas de compter ceux que tu ne vois pas !
Colorie en violet la vignette contenant la bonne réponse.

NIVEAU DE DIFFICULTÉ : **

7	5	6

Vroum ! Vroum !

EXERCICE 37

Combien le camion a-t-il de roues ? Attention, n'oublie pas de compter celles que tu ne vois pas sur le dessin. Colorie en gris la vignette contenant le bon nombre de roues.

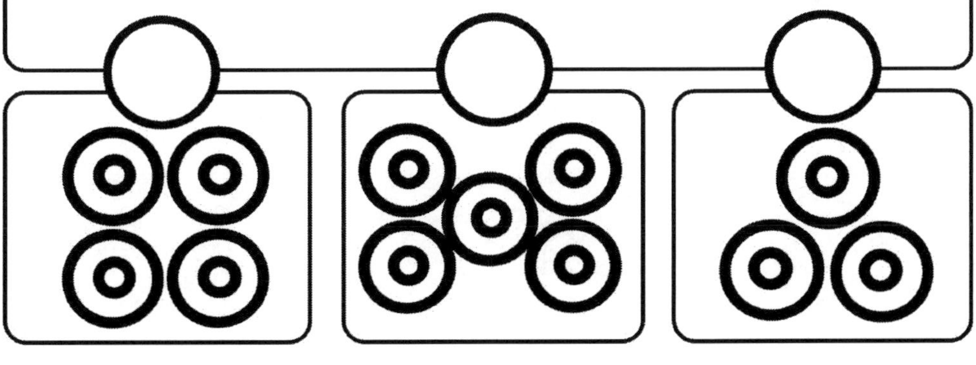

NIVEAU DE DIFFICULTÉ : * *

EXERCICE

38 Combien d'animaux ?

Sur chaque cible, colorie le nombre de points correspondant au nombre d'animaux se trouvant à côté.
Colorie ensuite chaque animal selon ton inspiration.

NIVEAU DE DIFFICULTÉ : * *

Dans le verger

39

EXERCICE

Colorie l'image en utilisant des couleurs différentes pour chaque type de fruits. Dans les cercles sous l'image, inscris combien l'arbre contient de pommes et combien de poires. Quel fruit ne se trouve pas dans cet arbre ?

NIVEAU DE DIFFICULTÉ : * *

EXERCICE

40 En rond

Combien de ronds entiers peut-on voir sur l'image ci-dessous : 4, 10 ou 15 ?
Décore les 3 ronds vides selon ton inspiration.

NIVEAU DE DIFFICULTÉ : **

Le jeu des différences

41

EXERCICE

Trouve les cinq différences qui se sont glissées entre ces deux dessins. Colorie les images.

NIVEAU DE DIFFICULTÉ : *

EXERCICE

42 Le boulier

Sur chaque rang de ce boulier, colorie le nombre de boules indiqué en début de rang.

NIVEAU DE DIFFICULTÉ : *

1
4
3
8
5
6
7
2
10
9

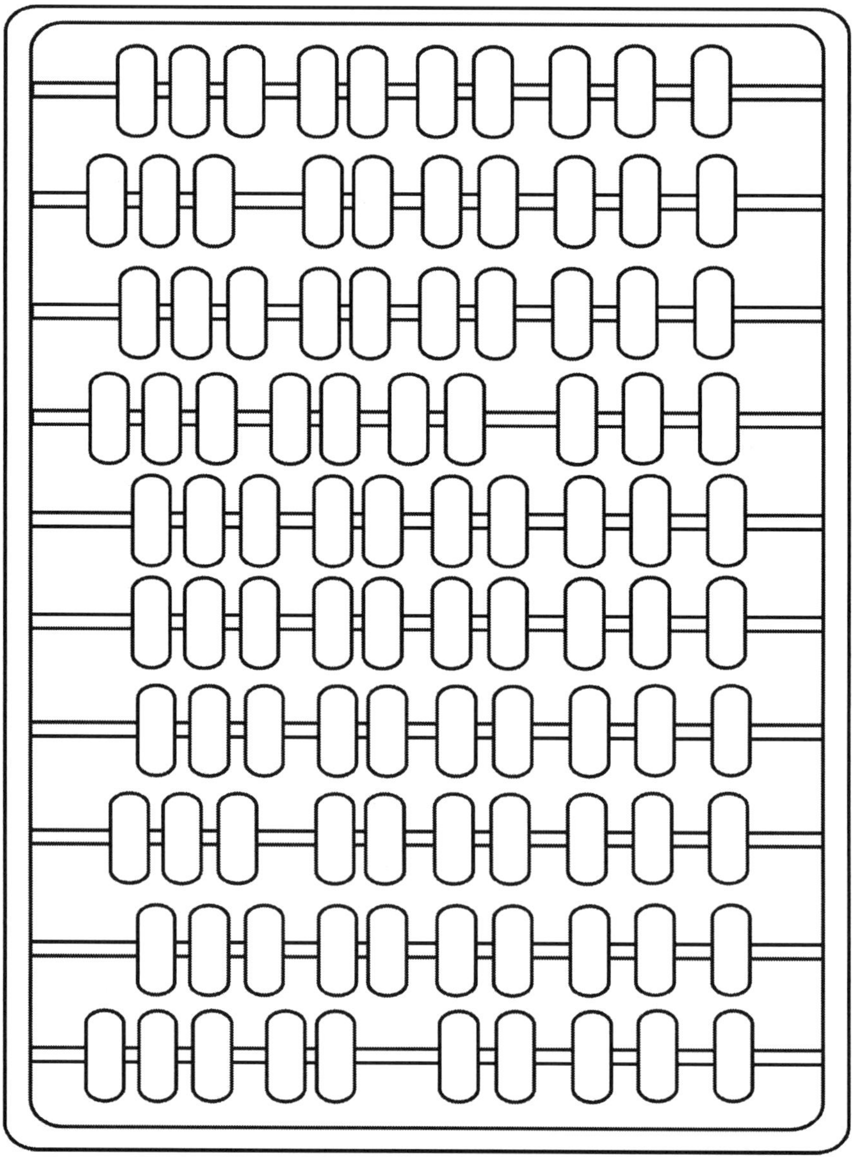

Le jeu des différences

43 EXERCICE

Colorie les deux images ci-dessous. Combien de différences as-tu trouvées entre ces dessins ?
…… éléments différencient les deux images.

NIVEAU DE DIFFICULTÉ : *

EXERCICE

44 Dessin selon le modèle

À côté de chaque forme, reproduis la figure en t'aidant des pointillés, puis reproduis-la tout seul.
Colorie le carré en bleu, le rond en rouge, le triangle en jaune et le losange en vert.

NIVEAU DE DIFFICULTÉ : *

La cueillette de champignons

EXERCICE 45

Max est allé ramasser des champignons.
Compte combien il en a dans son panier.
Attention aux amanites !

NIVEAU DE DIFFICULTÉ : * *

EXERCICE

46 Dessin sur commande

Relie les points afin de finir le dessin de cette feuille, puis colorie-la en vert. De quel arbre provient cette feuille ?

NIVEAU DE DIFFICULTÉ : *

Poisson exotique

47

EXERCICE

Colorie ce joli poisson selon ton inspiration. Avec quels ciseaux l'image de ce poisson a-t-elle été découpée ? Colorie en orange la vignette contenant la bonne réponse.

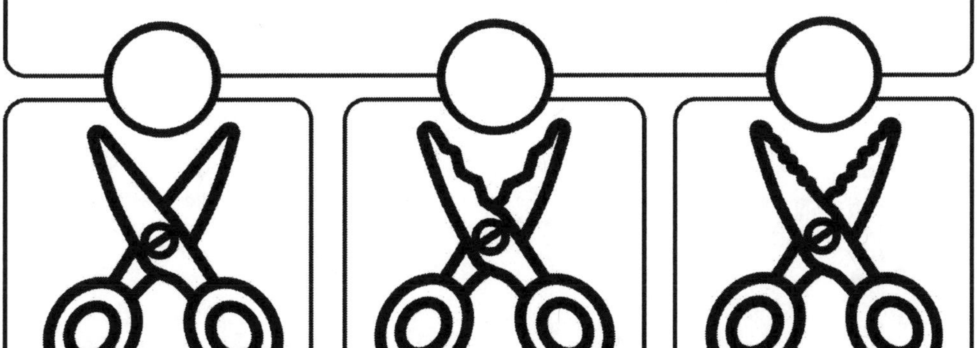

NIVEAU DE DIFFICULTÉ : * *

EXERCICE

48 Dessin sur commande

Relie les points afin de finir le dessin de ces fruits et de la feuille de chêne. De quels fruits s'agit-il ? Colorie-les sans dépasser.

NIVEAU DE DIFFICULTÉ : *

L'aquarium

49

EXERCICE

Dans cet aquarium, combien de poissons nagent vers la droite ? Combien nagent en direction de la gauche ? Et combien d'escargots y a-t-il ?
Inscris les nombres correspondants dans le rond au-dessus de chaque vignette.

NIVEAU DE DIFFICULTÉ : * *

EXERCICE

50 Quelle heure est-il ?

Dessine sur chaque cadran la petite aiguille afin d'indiquer l'heure écrite sous l'horloge.

NIVEAU DE DIFFICULTÉ : * *

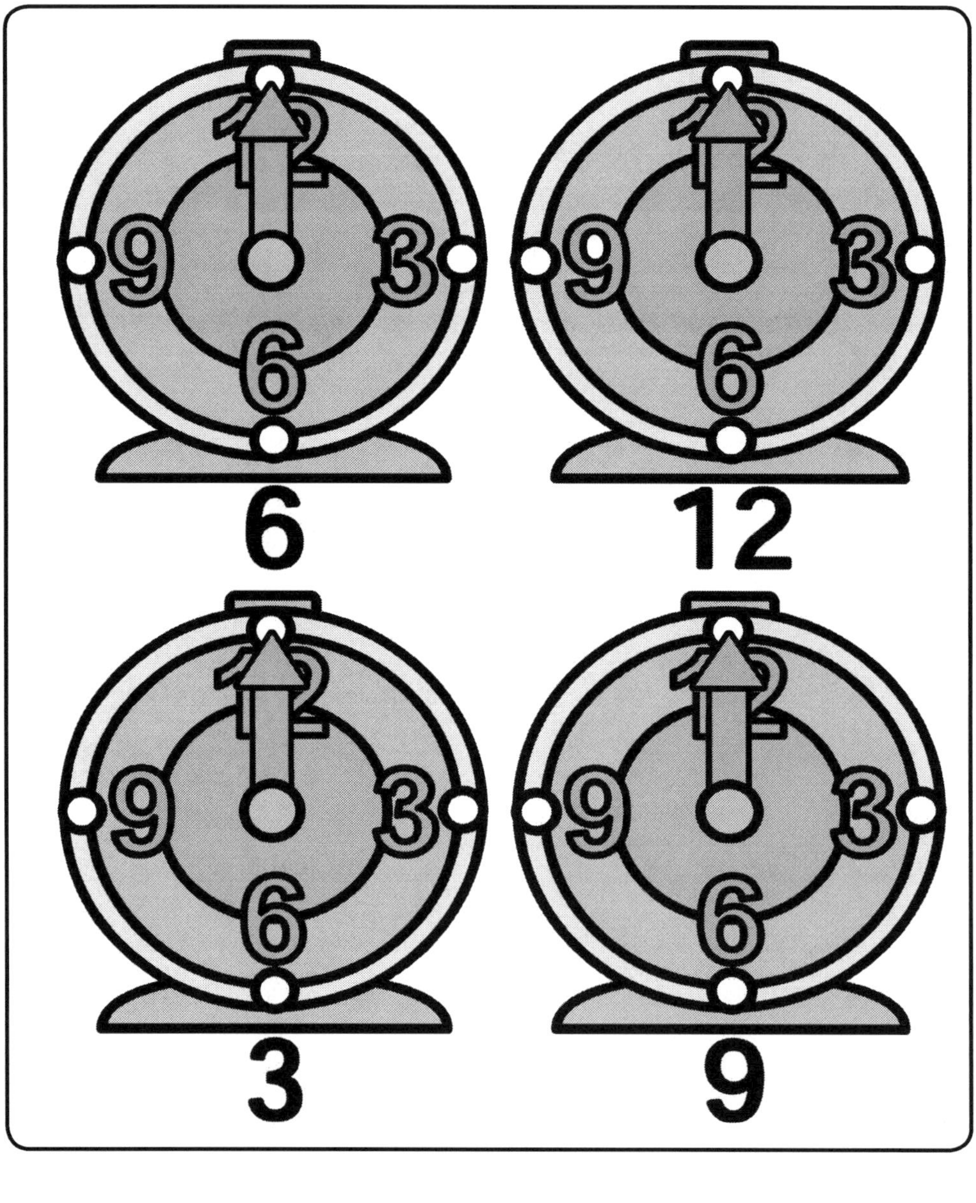

Les maisons

51

EXERCICE

Colorie les images sans dépasser. Combien de cheminées, de portes et de fenêtres sont représentées au total ?

Il y a …… maisons. Au total, il y a …… cheminées, …… fenêtres et …… portes.

NIVEAU DE DIFFICULTÉ : **

EXERCICE

52 Relie les points

Relie les points de 1 à 20, puis colorie le dessin.

NIVEAU DE DIFFICULTÉ : * *

Dessin sur commande

53

EXERCICE

Chaque maison devrait être composée de cinq éléments. Ajoute en marron les éléments manquants sur chaque bâtiment. Combien en as-tu dessiné en tout ?

NIVEAU DE DIFFICULTÉ : **

EXERCICE

54 Un serpent menaçant

Avec certaines des lettres ci-dessous, tu peux former le nom d'un serpent. Lequel ? Rappelle-toi que dans la réalité, le serpent est beaucoup plus menaçant !

NIVEAU DE DIFFICULTÉ : * *

Mademoiselle coccinelle

EXERCICE 55

Colorie ces charmantes coccinelles. Laquelle d'entre elles a un nombre de pois pair ? Colorie en orange le rond correspondant à la bonne vignette.

NIVEAU DE DIFFICULTÉ : * * *

EXERCICE

56 Coloriage sur commande

Colorie les avions de la façon suivante :
en bleu ceux qui volent vers le haut ;
en rouge, ceux qui volent vers la gauche ; en vert, ceux qui volent vers la droite.

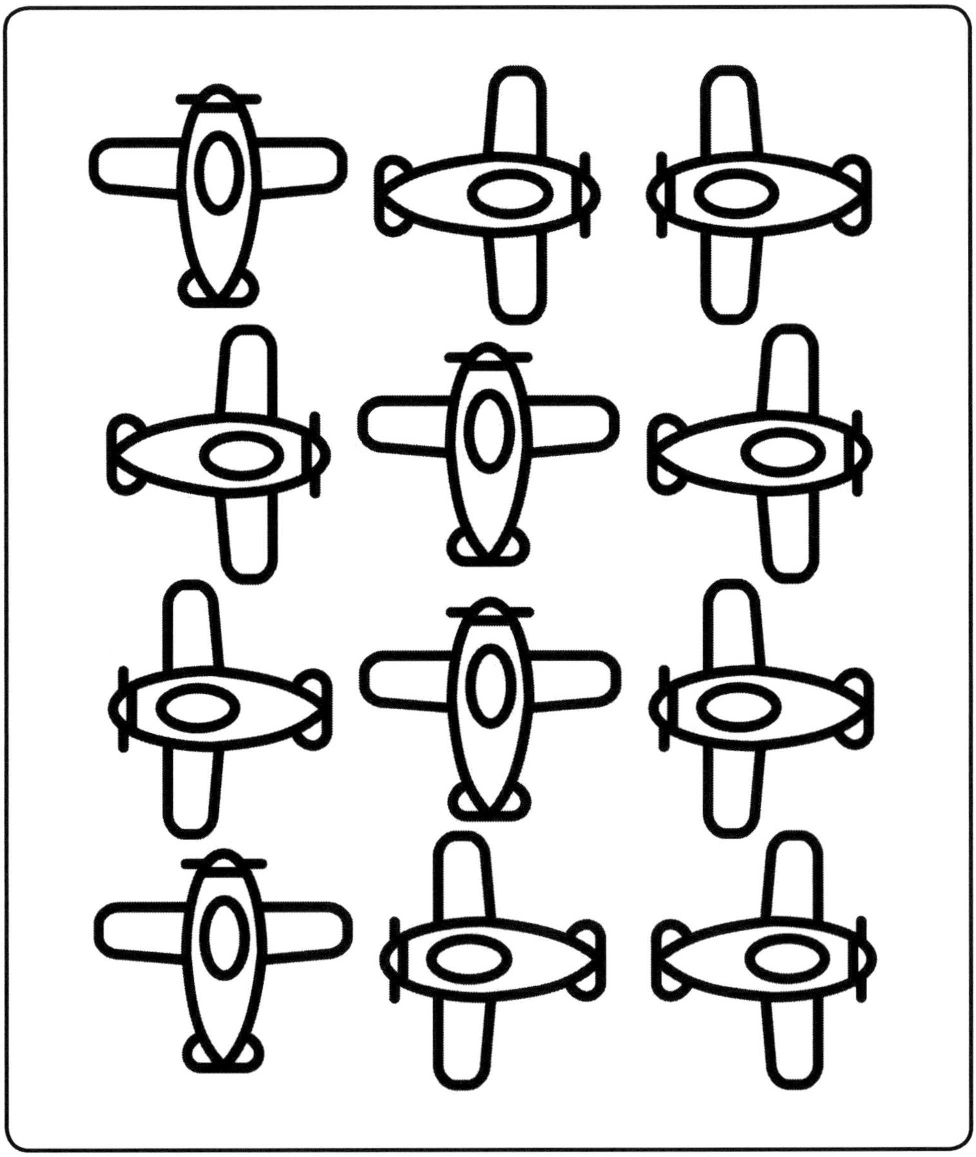

NIVEAU DE DIFFICULTÉ : **

Les ballons

57

EXERCICE

Au feutre marron, surligne l'intérieur des nombres écrits dans les ballons. Colorie au crayon : en rose les ballons avec un nombre pair et en violet les ballons avec un nombre impair.

NIVEAU DE DIFFICULTÉ : * *

EXERCICE

58 Au vestiaire

Colorie chaque sac à chaussons afin qu'ils soient tous d'une couleur différente. Sur chacun d'eux dessine au feutre noir quelque chose selon ton inspiration.

NIVEAU DE DIFFICULTÉ : * *

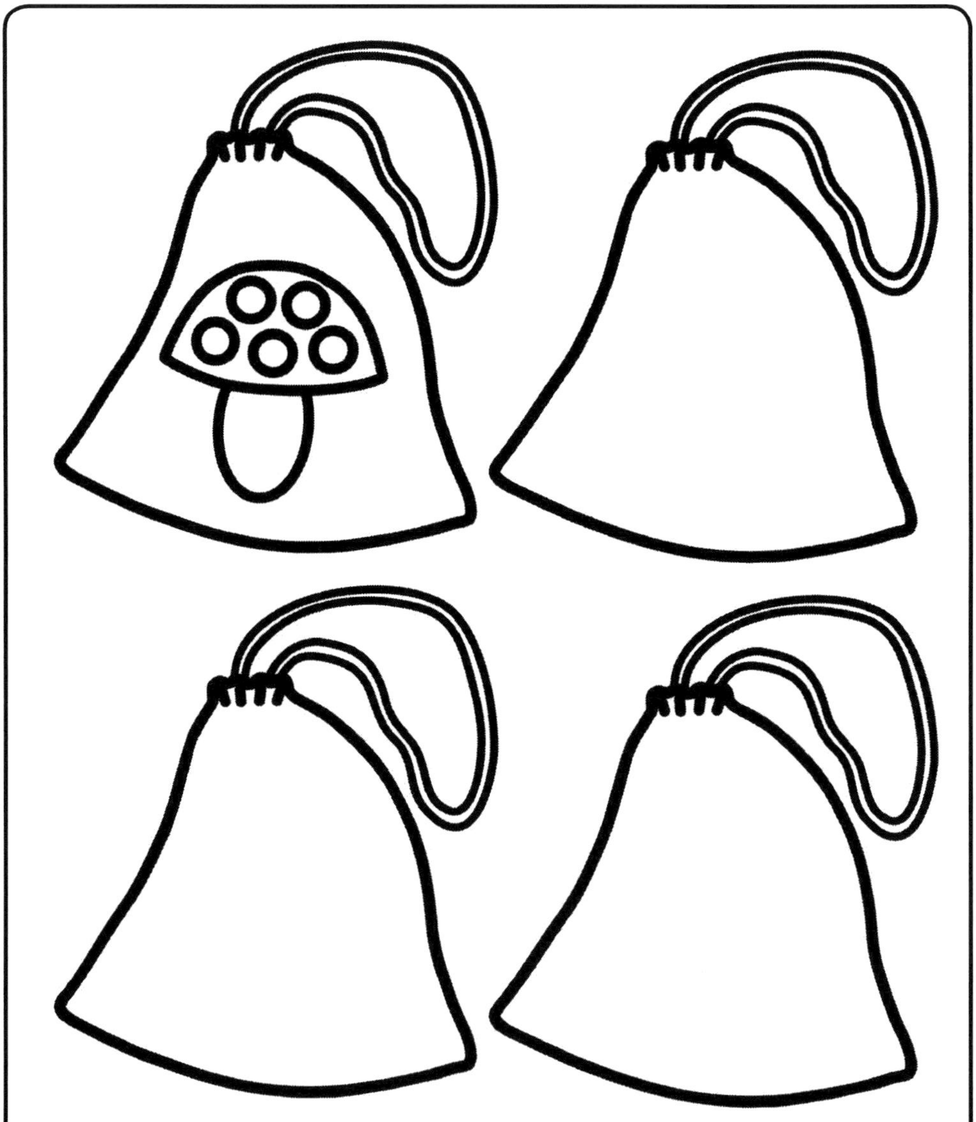

Les vases

Ajoute des pois pour décorer ces vases selon ton inspiration. Mais attention : chaque vase doit avoir un nombre de pois pair.

NIVEAU DE DIFFICULTÉ : **

EXERCICE

60 Un chat géométrique

Combien de triangles, de rectangles et de ronds composent l'image ci-dessous ?
Le chat est dessiné avec …… triangles, …… ronds et …… rectangles.

NIVEAU DE DIFFICULTÉ : * *

Confitures de fruits

61

EXERCICE

Dessine sur chaque pot de confiture
un fruit différent.
Quelles confitures as-tu faites ?

NIVEAU DE DIFFICULTÉ : * *

EXERCICE

62 Dessin sur commande

Relie les points afin de dessiner une bouilloire, un chapeau et un champignon. Colorie les dessins selon ton inspiration.

NIVEAU DE DIFFICULTÉ : *

Un arc-en-ciel de chiffres

Colorie les chiffres de la façon suivante : plus le chiffre est petit plus sa couleur doit être claire ; plus le chiffre est grand, plus sa couleur doit être foncée. Tu peux colorier, par exemple, le chiffre 1 en jaune clair et le chiffre 10 en marron foncé ou noir.

NIVEAU DE DIFFICULTÉ : * *

EXERCICE

64 Dessin sur commande

Dessine chaque forme géométrique en suivant le modèle préparé et les flèches. Trace lentement pour que ton trait soit bien précis. Colorie les formes de couleurs différentes en veillant à ne pas déborder.

NIVEAU DE DIFFICULTÉ : *

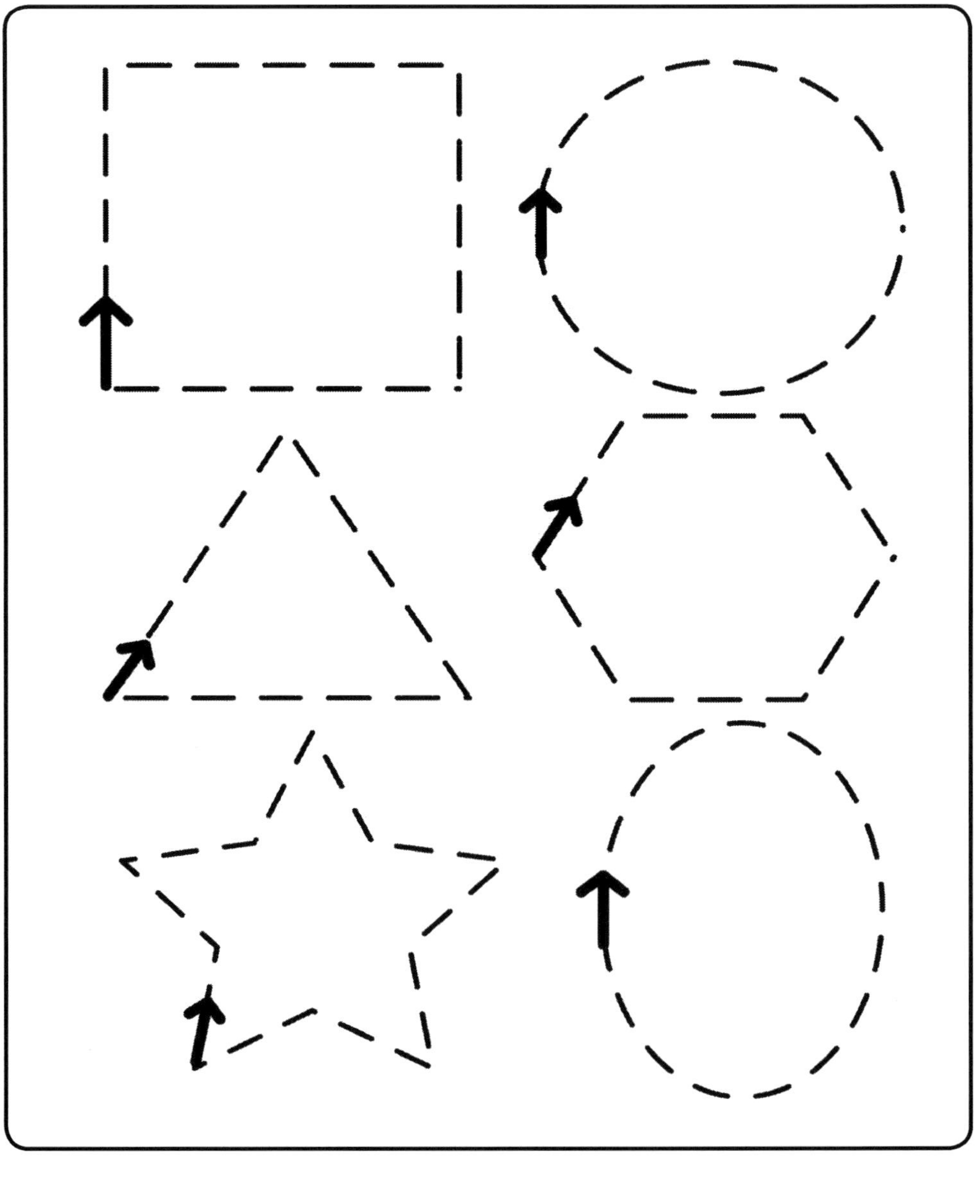

EXERCICE 65

Une maison géométrique

Colorie cette jolie maison. De combien de figures le bâtiment est-il composé ? La maison est construite avec …… triangles et …… rectangles.

NIVEAU DE DIFFICULTÉ : **

EXERCICE

66 Coloriage codé

Colorie en vert les espaces comportant un chiffre pair.
Quel animal as-tu colorié ?

NIVEAU DE DIFFICULTÉ : * * *

La pièce manquante

Parmi les pièces disposées sous le tableau, trouve celle qui finirait le puzzle et complèterait correctement l'image.

NIVEAU DE DIFFICULTÉ : * *

EXERCICE

68 Maçon en herbe

Combien de maisons, comme celle montrée en exemple, peux-tu construire avec les éléments disposés ci-dessous ?

NIVEAU DE DIFFICULTÉ : ***

Empreintes

69

EXERCICE

Ces petits insectes ont trempé leurs pattes dans l'encre. Compte combien d'empreintes a laissées chaque animal. Lequel de ces insectes a été le plus loin ?

NIVEAU DE DIFFICULTÉ : * *

EXERCICE

70 Bonne nuit, petit oiseau !

L'oiseau compte les moutons pour s'endormir. Aide-le dans son calcul et indique le nombre de moutons dans le nuage en bas du dessin.

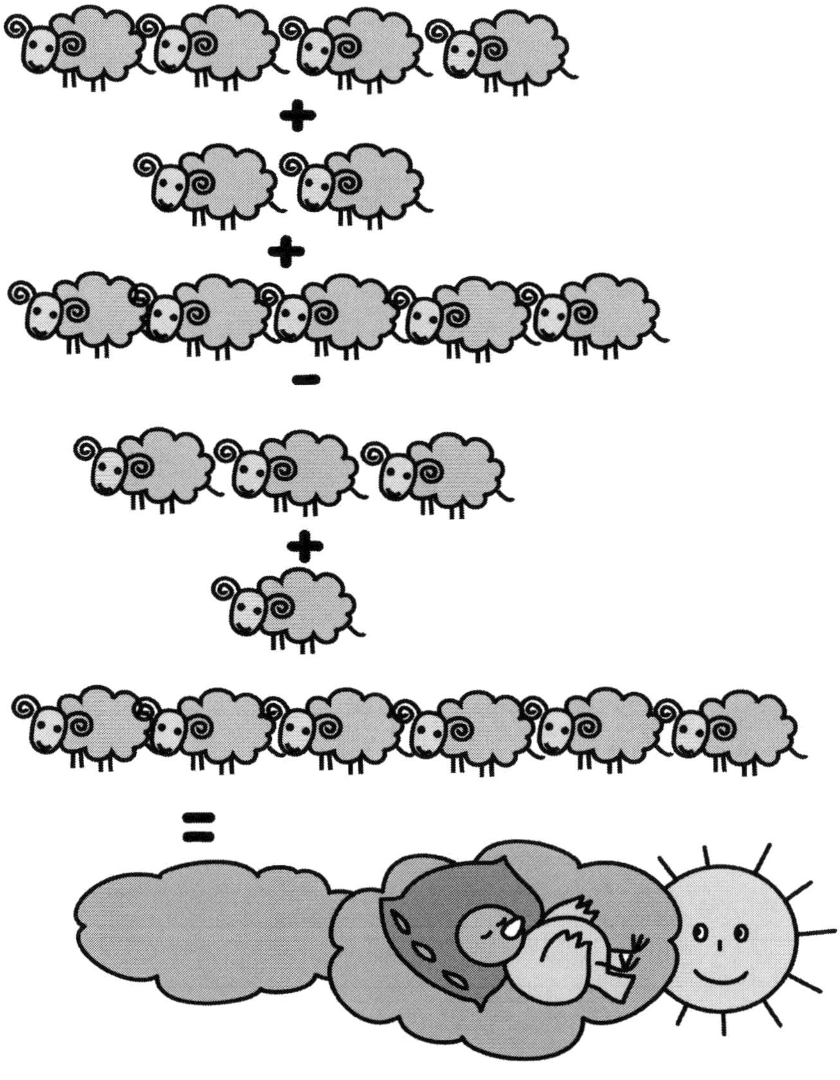

NIVEAU DE DIFFICULTÉ : * * *

Détective en herbe

71

EXERCICE

Identifie chaque chien, sachant que :
- Mabrouk est le plus grand de tous les chiens,
- Cora a une tache,
- Rex est plus grand que Rocky,
- Toutoune est plus grande que Cora,
- Minouche est le plus petit de tous les chiens.

NIVEAU DE DIFFICULTÉ : **

EXERCICE

72 Drôles de figures

Peux-tu réaliser la figure présentée en bas de la page avec les éléments disposés ci-dessous ?

NIVEAU DE DIFFICULTÉ : * * *

Miam-miam !

73

EXERCICE

Relie les parts de pizza découpées à l'assiette dont elles proviennent.

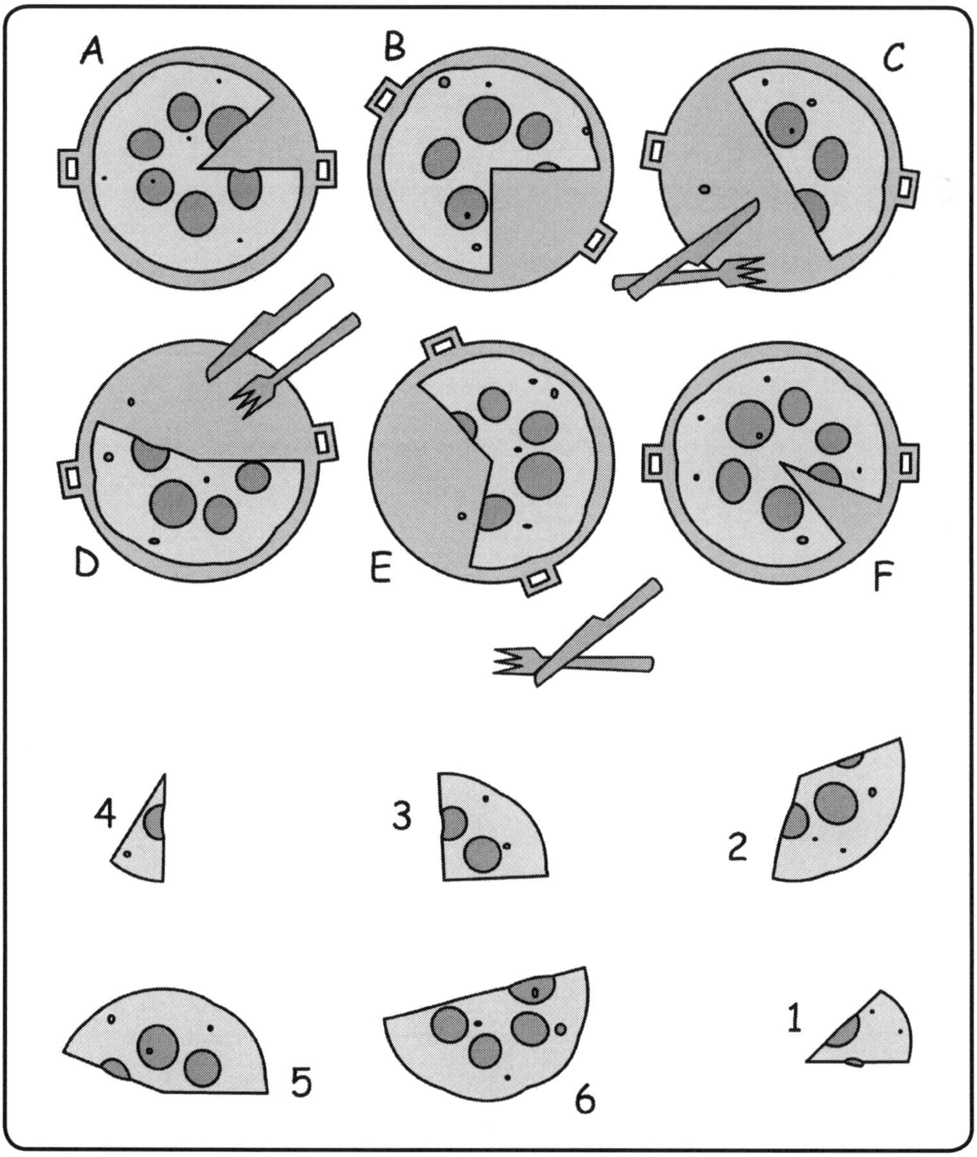

NIVEAU DE DIFFICULTÉ : * * *

EXERCICE

74 À la queue leu leu !

Les petites bêtes se sont mises en enfilade pour former des colonnes. À l'aide de la légende, calcule la longueur de chaque colonne et inscris le résultat dans le carré sous chaque colonne. Laquelle est la plus longue ?

NIVEAU DE DIFFICULTÉ : * * *

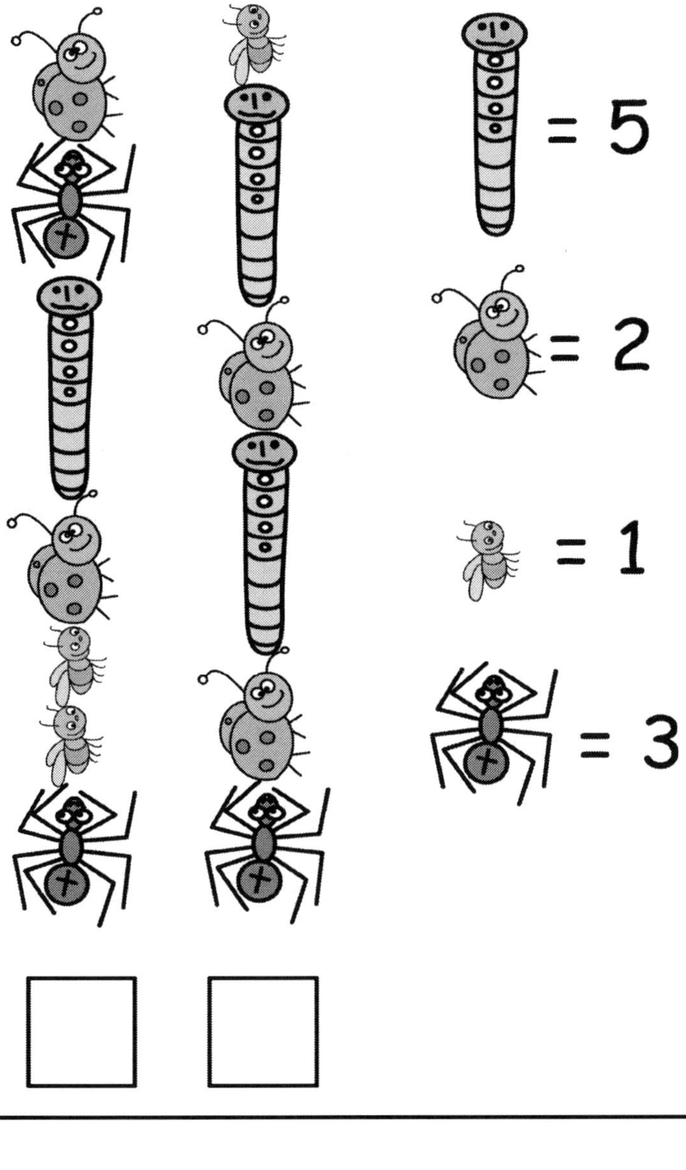

Recoller les morceaux

75

EXERCICE

Max a fait tomber le plateau contenant des assiettes. Relie chaque morceau à l'assiette dont il provient. Peux-tu recoller tous les morceaux ?

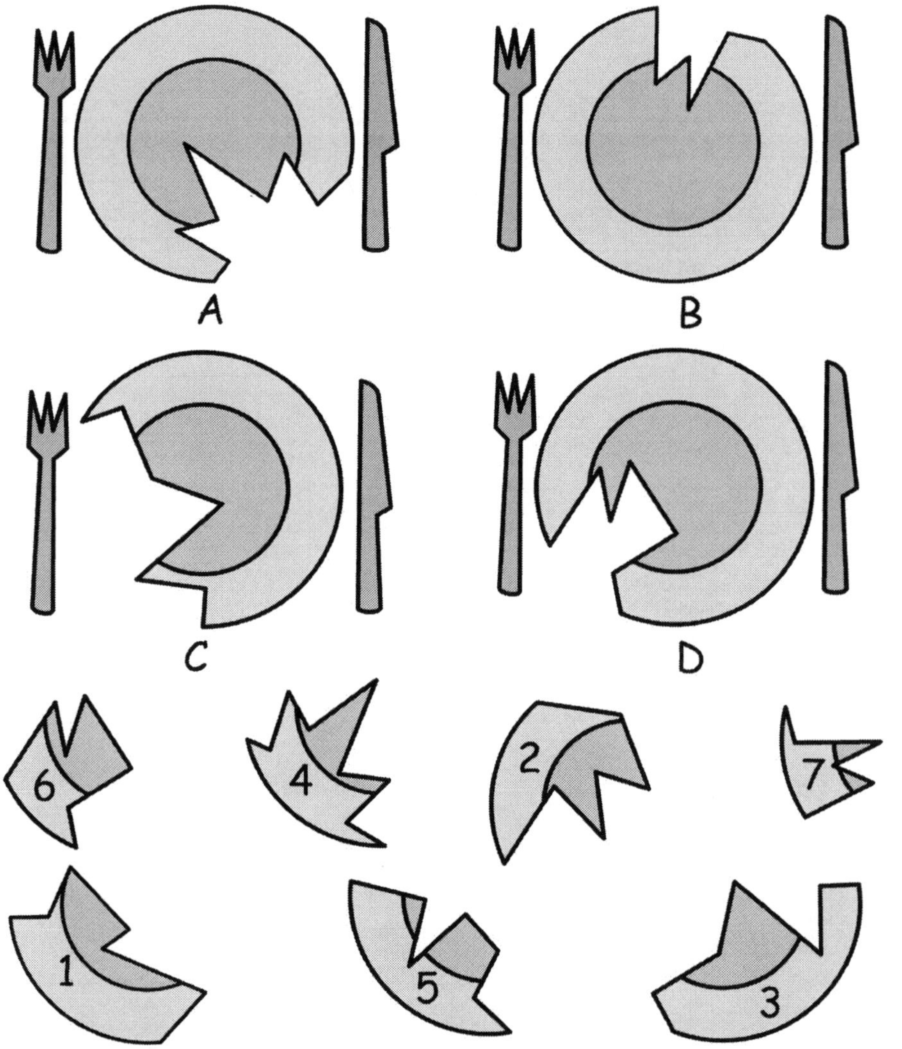

NIVEAU DE DIFFICULTÉ : * * *

EXERCICE

76 Papillons et fleurs

Fais les opérations ci-dessous, puis relie les papillons aux fleurs leur correspondant.
Lequel récoltera aujourd'hui le plus de nectar ?

NIVEAU DE DIFFICULTÉ : * * *

Une chenille matheuse

Fais les opérations indiquées par chaque élément de la chenille en commençant par sa tête. Indique le résultat dans sa queue.

NIVEAU DE DIFFICULTÉ : * * *

EXERCICE

78 À l'arrêt de bus

Effectue les opérations sous les passagers et trouve quel bus doit prendre chaque passager.

11+8= 1+3= 20-5= 16-8= 4+2=

NIVEAU DE DIFFICULTÉ : * * *

Crocodile du Nil

79 EXERCICE

Quelle longueur mesure le fleuve ? Pour le savoir, effectue les opérations proposées tout au long de son cour.

NIVEAU DE DIFFICULTÉ : * * *

EXERCICE

80 Sauts de kangourou

Dans chaque opération, le kangourou a sauté un chiffre. Complète les opérations pour que le résultat soit juste.

NIVEAU DE DIFFICULTÉ : * * *

5 + 3 + 4 + □ = 20

2 + 4 - 6 + □ = 15

1 + 5 + 6 + □ = 17

4 + 3 + 2 + □ = 14

6 + 2 + 3 + □ = 13

Chacun son cerf-volant

81

EXERCICE

Le vent était si violent que les enfants ont perdu leur cerf-volant. Réalise les opérations dans les cerfs-volants et sous les enfants et tu sauras à qui appartient chacun d'eux.

NIVEAU DE DIFFICULTÉ : * * *

EXERCICE

82 Le mot caché

Réalise les opérations et écris le résultat à côté des lettres. Dans les cases sous le dessin, écris :

– sur la première ligne les résultats des opérations dans l'ordre croissant, du plus petit au plus grand ;

– sur la seconde ligne, écris les lettres correspondant à chaque nombre.

NIVEAU DE DIFFICULTÉ : * * *

3 + 4 = C

7 - 6 = T

5 + 3 = U

9 - 4 = T

2 + 8 = E

10 + 6 = S

5 - 2 = N

9 - 3 = A

4 + 5 = L

7 - 5 = E

Les fruits d'Eva

83 EXERCICE

Eva à 20 euros. Elle voudrait acheter tous les fruits. Combien lui restera-t-il pour acheter des bananes ?

5 €

2 €

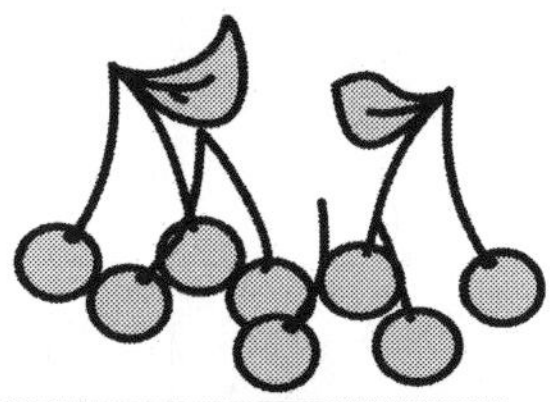

4 €

3 €

3 €

NIVEAU DE DIFFICULTÉ : * * *

EXERCICE

84 Hérisson prévoyant

Le hérisson fait déjà ses réserves de nourriture pour l'hiver. Les lettres dans les tableaux te révèleront ce qu'il préfère.

NIVEAU DE DIFFICULTÉ : ***

M	P	A
F	O	E
O	M	M

I	N	S
S	B	E
E	T	C

E	F	B	Z
S	C	A	R
K	T	O	G
W	U	I	V

EXERCICE 85

Un chat dans l'espace

Fais les opérations et indique le résultat dans la case grisée. Il t'indiquera quelle fusée le chat doit emprunter pour se rendre dans l'espace.

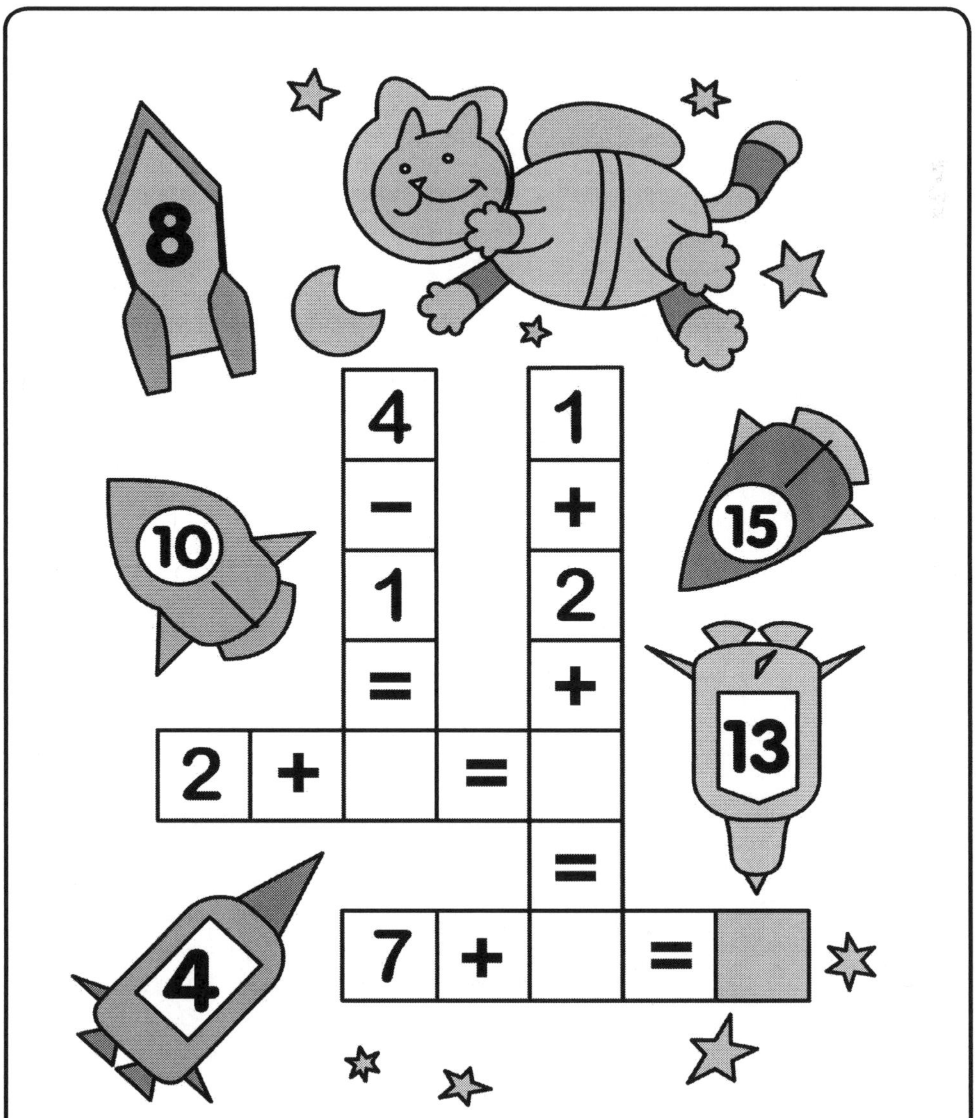

NIVEAU DE DIFFICULTÉ : * *

EXERCICE

86 Le chemin le plus sûr

Aide la souris à rejoindre son trou.
Le chemin le plus sûr est celui qui compte le moins de points.

NIVEAU DE DIFFICULTÉ : ***

Le mot caché

EXERCICE 87

Réalise les opérations et écris le résultat à côté des lettres. Dans les cases sous le dessin, écris :

– sur la première ligne les résultats des opérations dans l'ordre décroissant, du plus grand au plus petit.

– sur la seconde ligne, écris les lettres correspondant à chaque nombre.

Le mot qui apparaît te dira quel est le jeu préféré de Max lorsqu'il y a du vent.

NIVEAU DE DIFFICULTÉ : * * *

4 + 6 = V

7 - 2 = A

18 - 4 = R

2 + 9 = F

10 - 4 = L

8 + 1 = O

9 + 7 = E

6 - 3 = T

10 + 8 = C

2 + 2 = N

EXERCICE

88 En route !

Sur la porte de chaque voiture, indique la somme des chiffres indiqués sur ses roues et sa fenêtre. Colorie en rouge les voitures dont la somme est un chiffre pair et en bleu clair les voitures dont la somme est un nombre impair. Bonne route !

NIVEAU DE DIFFICULTÉ : * * *

Au poids

89 EXERCICE

D'après toi, quelle balance indique le poids le plus petit et laquelle indique le poids le plus grand ? Réponds en écrivant un chiffre de 1 à 4 sur l'écran des machines.

NIVEAU DE DIFFICULTÉ : * * *

EXERCICE

90 Des trains de chiffres

Les marchandises dans les wagons sont exclusivement des chiffres, formant une suite logique. Que faut-il écrire sur chaque locomotive pour respecter ces suites logiques ?

NIVEAU DE DIFFICULTÉ : * * *

Opérations codées

91 EXERCICE

Chaque dessin représente un chiffre différent. Réfléchis et écris à quel chiffre correspond chaque image.

NIVEAU DE DIFFICULTÉ : * * *

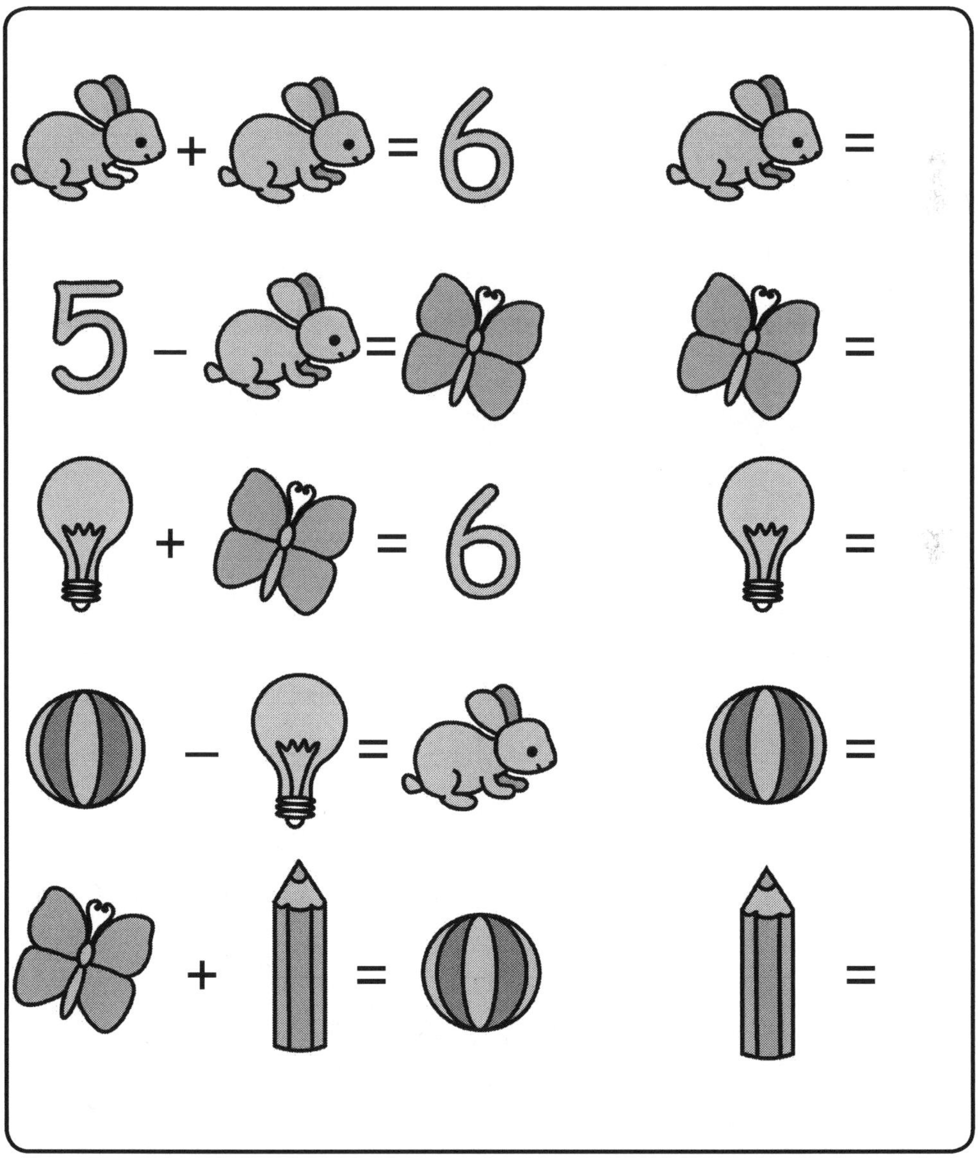

EXERCICE

92 Tableau hivernal

Colorie en gris les cases du tableau avec les chiffres correspondant aux emplacements des flocons dans le tableau du haut.

NIVEAU DE DIFFICULTÉ : * *

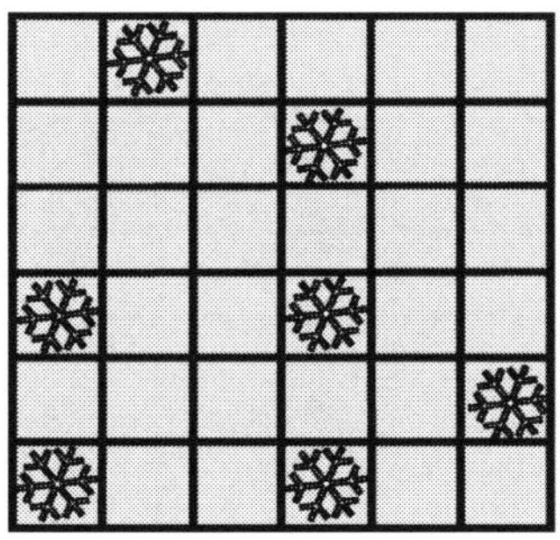

1	14	11	5	8	10
17	10	2	7	3	19
3	9	15	20	13	15
18	4	8	2	11	6
16	6	13	18	1	4
9	7	17	12	5	19

Table d'additions

93 EXERCICE

Additionne chaque chiffre du premier rang à ceux de la première colonne. Indique le résultat dans la grille.

+	1	2	3	4	5	6	7	8	9
1									
2									
3									
4									
5									
6									
7									
8									
9									

NIVEAU DE DIFFICULTÉ : * *

EXERCICE

94 Mots croisés mathématiques

Écris en toutes lettres le résultat des opérations.

NIVEAU DE DIFFICULTÉ : ***

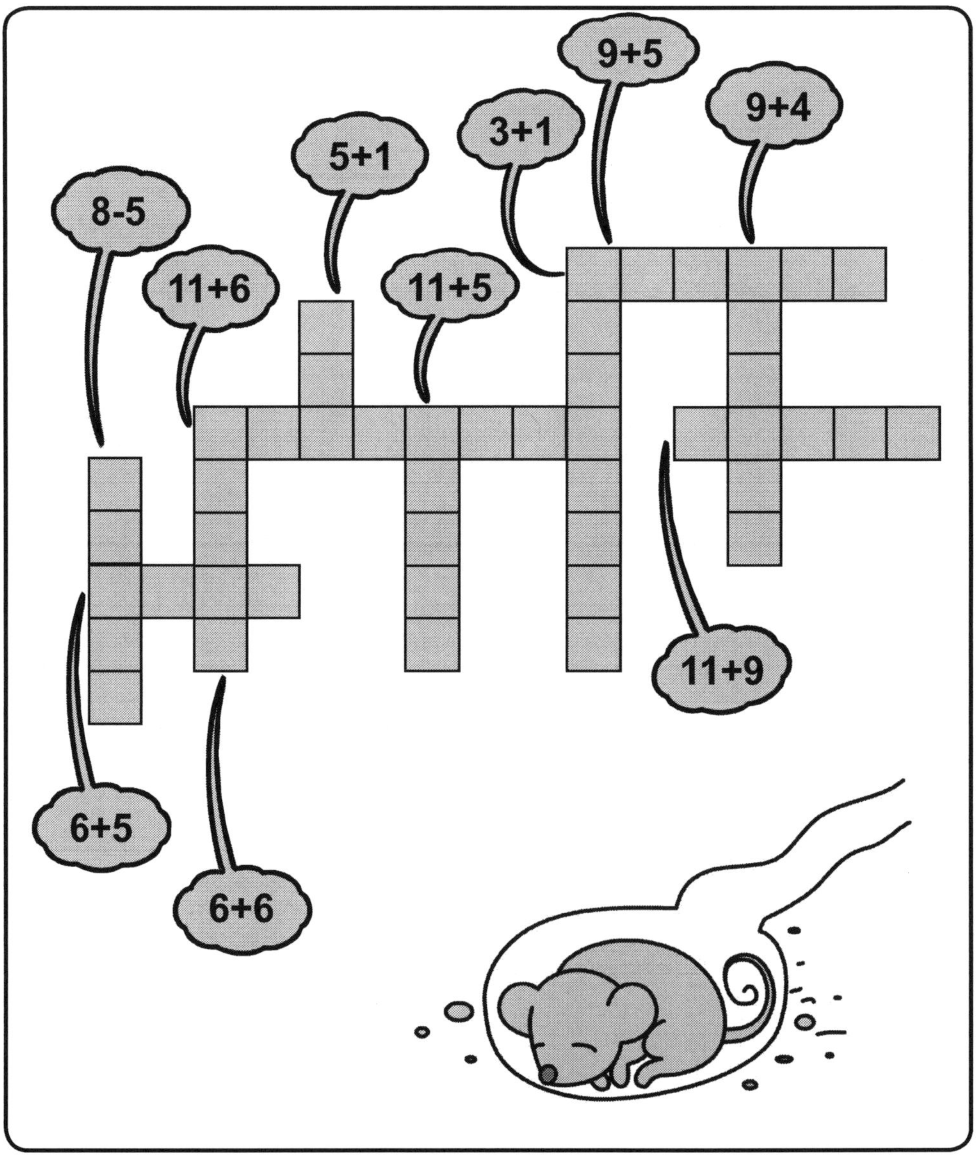

Dessin sur commande

95

EXERCICE

Dessine la seconde moitié de chaque dessin. Colorie les images.

NIVEAU DE DIFFICULTÉ : * *

EXERCICE

96 Mots croisés mathématiques

Écris en toutes lettres le résultat des opérations.

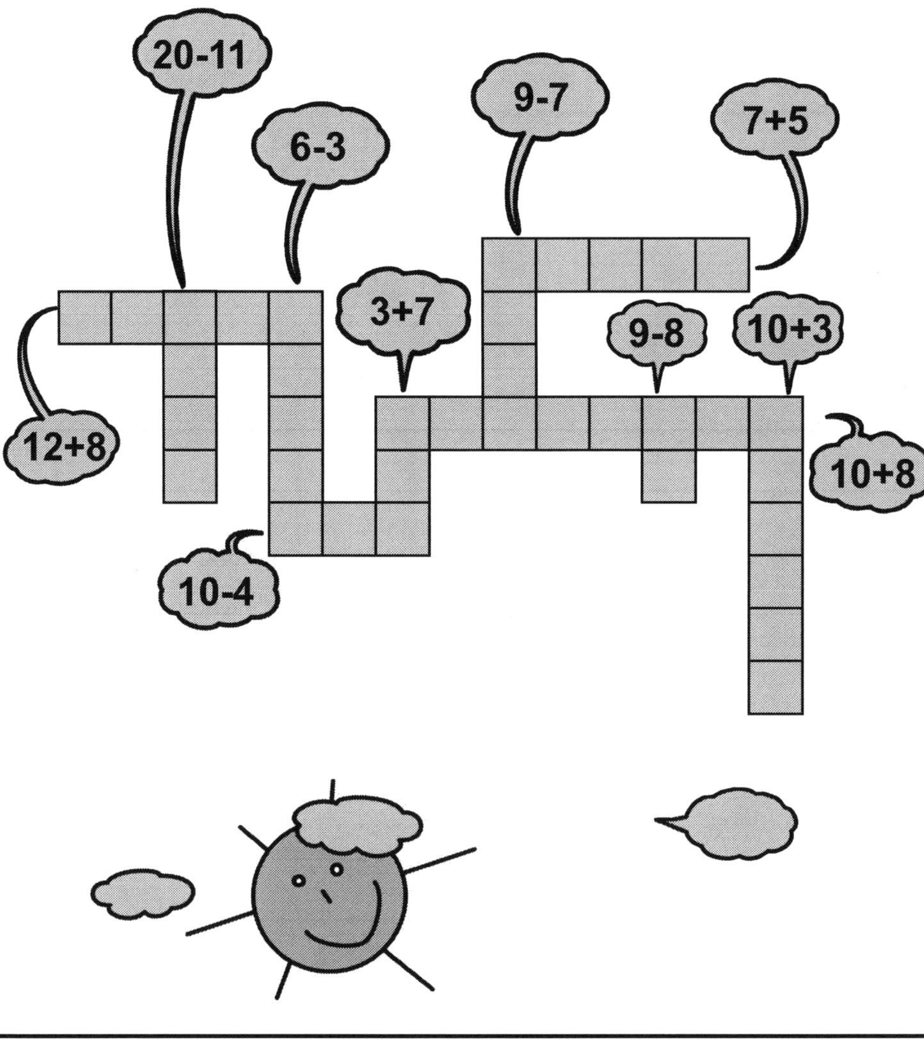

NIVEAU DE DIFFICULTÉ : * * *

Table de soustractions

EXERCICE 97

Soustrais à chaque nombre du premier rang celui de la première colonne. Indique le résultat dans la grille.

-	20	19	18	17	16	15	14	13	12
10									
9									
8									
7									
6									
5									
4									
3									
2									

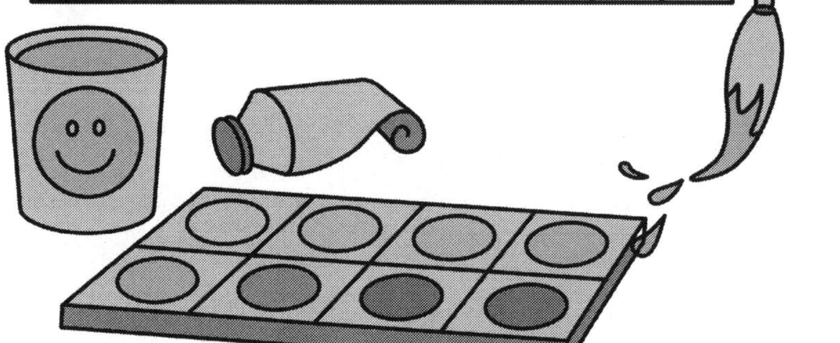

NIVEAU DE DIFFICULTÉ : ***

EXERCICE

98 Mots croisés mathématiques

Écris en toutes lettres le résultat des opérations.

NIVEAU DE DIFFICULTÉ : * * *

Tableaux à trous

99 EXERCICE

Complète chaque tableau en indiquant les nombres et les signes manquants.

NIVEAU DE DIFFICULTÉ : * * *

	-	4	=	8
-		+		-
3	+		=	
=		=		=
	-		=	3

8	+	8	=	
				-
	-		=	2
=		=		=
1	+		=	

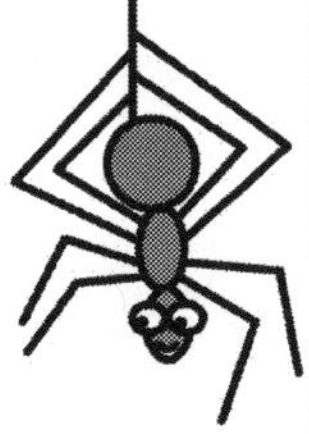

10	-	5	=	
				+
3	+		=	5
=		=		=
	-	3	=	

8		10	=	
+		-		+
	-		=	2
=		=		=
	+	5	=	

EXERCICE

100 10 sur 10

Complète les lignes du dessin en indiquant les opérations possibles. La somme est toujours égale à 10.

NIVEAU DE DIFFICULTÉ : * * *

Manufactured by Amazon.ca
Bolton, ON

14554601R10059